W0399597

CD 3

01 GRIECHENLAND
02 ENGLAND
03 SCHWEDEN
04 DEUTSCHLAND
05 MIKRONESIEN
06 SÜDAFRIKA
07 USA, WASHINGTON
08 NAMIBIA
09 KANADA
10 ARGENTINIEN
11 ÖSTERREICH
12 MONGOLEI
13 ASERBAIDSCHAN
14 TURKMENISTAN
15 MAROKKO
16 MALTA
17 CHILE
18 TIPPS FÜR ENTDECKER

ISLAND

LAGE: Nordatlantik

Vulkantour

Im Innern des Þríhnúkagígur

Hafnarfjörður, Großraum Reykjavík Ⓝ 63.9985 Ⓦ 21.6990

Massenwanderung

Die Wanderung der Blauwale bei Húsavík

Norðurþing, Nordostregion Ⓝ 66.0450 Ⓦ 17.3383

Weiter zum nächsten
geheimnisvollen Ort

SAMBIA

LAGE: Südafrika, umgeben von acht Ländern

Massenwanderung

Die Flughunde im Kasanka-Nationalpark

Bezirk Serenje, Zentralprovinz Ⓢ 12.5833 Ⓞ 30.2000

Wilde Wasserfälle

Devil's Pool

Livingstone, Südprovinz S 17.9244 O 25.8568

Weiter zum nächsten
geheimnisvollen Ort

ANTARKTIS

LAGE: im südlichsten Teil der Welt

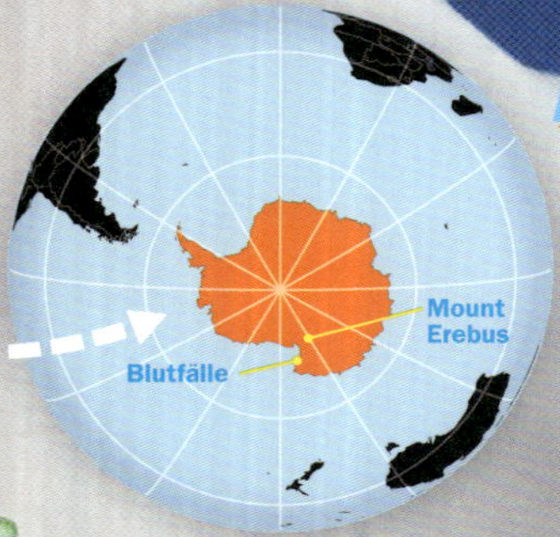

Wilde Wasserfälle

Die Blutfälle

Antarktisches Trockental, Viktorialand S 77.7167 O 162.2688

Lavaseen

Mount Erebus

Ross-Insel Ⓢ 77.5274 Ⓞ 167.1567

Weiter zum nächsten geheimnisvollen Ort

ÄTHIOPIEN

LAGE: Nordosten Afrikas, am Horn von Afrika

Lavaseen

Erta Ale

Afar, Afar-Dreieck N 13.6460 O 40.6805

Wetterextreme

Dallol, der heißeste Ort der Erde

Dallol, Afar-Dreieck N 14.2417 O 40.3000

Weiter zum nächsten
geheimnisvollen Ort

RUSSLAND

LAGE: Osteuropa und Nordasien

Wetterextreme

Oimjakon, der kälteste bewohnte Ort der Erde

Oimjakon, Teilrepublik Sacha Ⓝ 63.4641 Ⓞ 142.7737

Einschläge aus dem All

Das Tunguska-Ereignis

Wanawara, Krasnojarsk N 60.9025 O 101.9045

Weiter zum nächsten geheimnisvollen Ort

MEXIKO

LAGE: Süden Nordamerikas

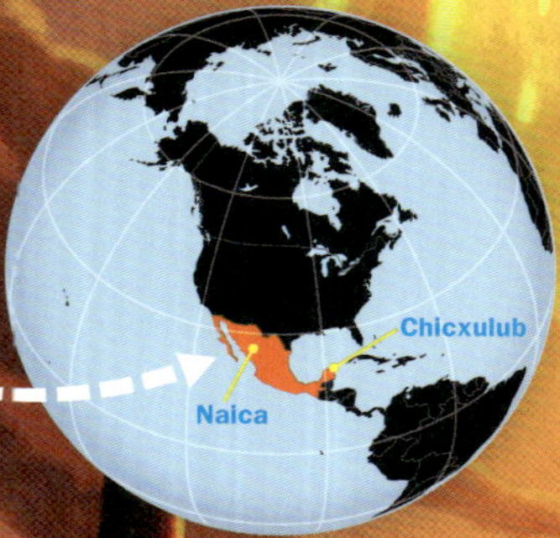

Einschläge aus dem All

Der Chicxulub-Krater

Chicxulub, Yucatán Ⓝ 21.2777 Ⓦ 89.5012

Fantastische Höhlen

Die Riesenkristalle von Naica

Naica, Chihuahua Ⓝ 27.8508 Ⓦ 105.4964

Weiter zum nächsten
geheimnisvollen Ort

VIETNAM

LAGE: Südostasien, am Südchinesischen Meer

Fantastische Höhlen

Sơn-Đoòng-Höhle

Nationalpark Phong Nha-Kẻ Bàng N 17.5431 O 106.1448

Vergessene Orte

Der Wasserpark Hồ Thủy Tiên

Hồ Thủy Tiên, Provinz Thừa Thiên-Huế

Ⓝ 16.41136 Ⓞ 107.5760

Weiter zum nächsten geheimnisvollen Ort

UKRAINE

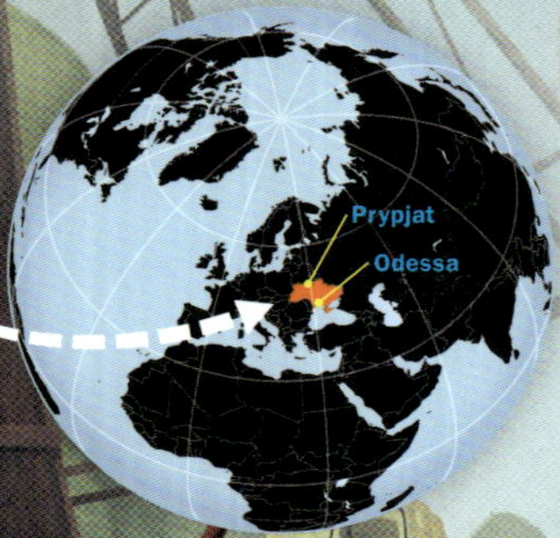

LAGE: Osteuropa, nördlich des Schwarzen Meers

Vergessene Orte

Prypjat

Prypjat, Oblast Kiew Ⓝ 51.4056 Ⓞ 30.0569

Schaurige Katakomben

Die Katakomben von Odessa

Odessa, Oblast Odessa Ⓝ 46.5467 Ⓞ 30.6306

Weiter zum nächsten
geheimnisvollen Ort

ITALIEN

LAGE: Südeuropa, am Mittelmeer

Schaurige Katakomben

Die Kapuzinergruft

Palermo, Sizilien N 38.1118 O 13.3392

Felsenbehausungen

Pitigliano

Pitigliano, Toskana Ⓝ 42.6353 Ⓞ 11.6700

Weiter zum nächsten geheimnisvollen Ort

CHINA

LAGE: Ostasien

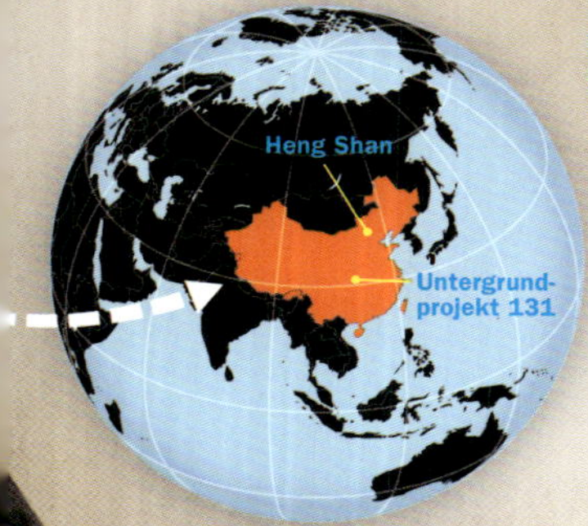

Felsenbehausungen

Hängendes Kloster von Heng Shan

Heng-Shan-Gebirge, Provinz Shanxi Ⓝ 39.6739 Ⓞ 113.7356

Vergessene unterirdische Welten

Untergrundprojekt 131

Gaoqiao, Provinz Hubei Ⓝ 31.2218 Ⓞ 110.5526

Weiter zum nächsten geheimnisvollen Ort

USA, TEXAS

LAGE: mittlerer Süden der Vereinigten Staaten, am Golf von Mexico

Vergessene unterirdische Welten

Superconducting Super Collider

Waxahachie Ⓝ 32.3865 Ⓦ 96.8483

Zukunftsplanung

Die 10.000-Jahre-Uhr

Van Horn N 31.0399 W 104.8308

Weiter zum nächsten
geheimnisvollen Ort

NORWEGEN

LAGE: Nordeuropa, auf der Skandinavischen Halbinsel

Zukunftsplanung

Der Wald der Zukunftsbibliothek

Nordmarka, Oslomarka Ⓝ 59.9863 Ⓞ 10.6969

Seltene Pflanzen

Weltweiter Saatgut-Tresor auf Spitzbergen

Longyearbyen, Svalbard Ⓝ 78.2382 Ⓞ 15.4472

Weiter zum nächsten
geheimnisvollen Ort

KASACHSTAN

LAGE: Zentralasien, südlich von Russland

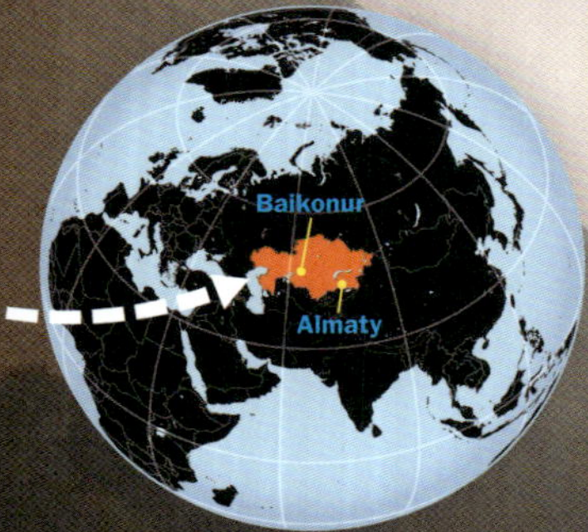

Seltene Pflanzen

Die letzten Wildapfelwälder

Almaty N 43.2220 O 76.8512

Die Weiten des Weltraums

Kosmodrom Baikonur

Baikonur Ⓝ 45.9650 Ⓞ 63.3050

Weiter zum nächsten geheimnisvollen Ort

NEUSEELAND

LAGE: südöstlich von Australien im Pazifischen Ozean

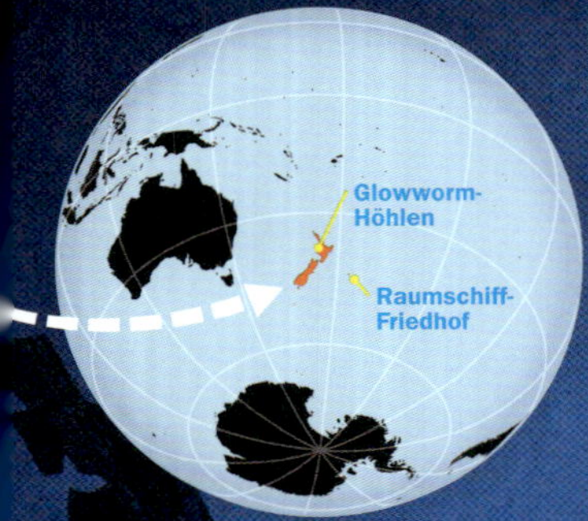

Die Weiten des Weltraums

Der Raumschiff-Friedhof

Pazifischer Ozean S 48.0000 W 123.0000

Biolumineszierende Tiere

Die Glowworm-Höhlen von Waitomo

Waitomo, Waikato Ⓢ 38.2510 Ⓞ 175.1710

Weiter zum nächsten geheimnisvollen Ort

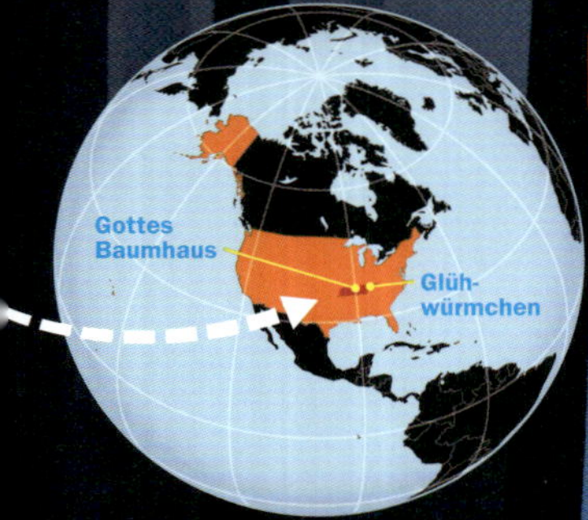

USA, TENNESSEE

LAGE: Südosten der Vereinigten Staaten

Biolumineszierende Tiere

Glühwürmchen im Great-Smoky-Mountains-Nationalpark

Elkmont Ⓝ 35.6856 Ⓦ 83.5366

Himmelhohe Häuser

Gottes Baumhaus

Crossville Ⓝ 35.9853 Ⓦ 84.9944

Weiter zum nächsten geheimnisvollen Ort

INDONESIEN

LAGE: besteht aus über 13.000 Inseln im Indischen und Pazifischen Ozean

Himmelhohe Häuser

Die Baumhäuser der Korowai

Kia, Papua Ⓢ 6.5933 Ⓞ 140.1636

Geheimnisvolle Skelette

Der Friedhof von Trunyan

Trunyan, Bali Ⓢ 8.2444 Ⓞ 115.4263

Weiter zum nächsten
geheimnisvollen Ort

INDIEN

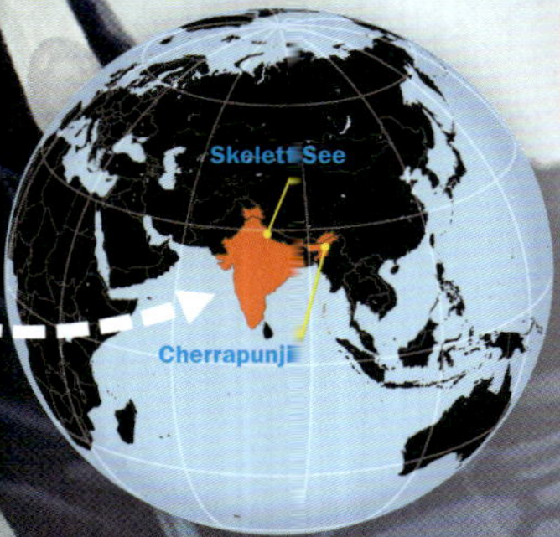

LAGE: Südasien, am Indischen Ozean

Geheimnisvolle Skelette

Der Skelett-See

Roopkund, Uttarakhand N 30.2620 O 79.7320

Beeindruckende Brücken

Die Wurzelbrücken von Cherrapunji

Cherrapunji, Meghalaya Ⓝ 25.300 Ⓞ 91.7000

Weiter zum nächsten geheimnisvollen Ort

PERU

LAGE: westliches Südamerika, am Pazifischen Ozean

Beeindruckende Brücken

Die Keshwa Chaca

Huinchiri, Cuzco Ⓢ 14.3831 Ⓦ 71.4933

Gigantische Geoglyphen

Die Nazca-Linien

Nazca, Ica Ⓢ 14.6976 Ⓦ 75.1265

Weiter zum nächsten geheimnisvollen Ort

AUSTRALIEN

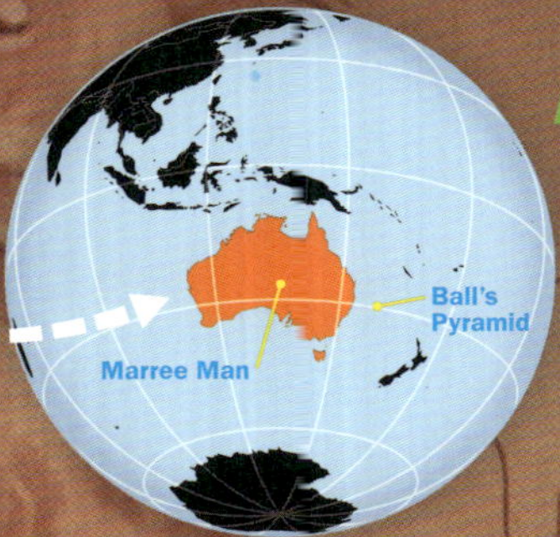

LAGE: zwischen dem Pazifischen und dem Indischen Ozean, südöstlich von Asien

Gigantische Geoglyphen

Der Marree Man

Marree, South Australia S 29.4378 O 137.4681

Tierische Inseln

Ball's Pyramid

Lord-Howe-Inselgruppe S 31.7542 O 159.2571

Weiter zum nächsten geheimnisvollen Ort

BRASILIEN

LAGE: östliches Südamerika, am Atlantischen Ozean

Tierische Inseln

Die Schlangeninsel

Ilha da Queimada Grande, São Paulo S 24.4879 W 46.6742

Versunkene Städte

Old Petrolândia

Petrolândia, Pernambuco S 9.0213 W 38.2651

Weiter zum nächsten geheimnisvollen Ort

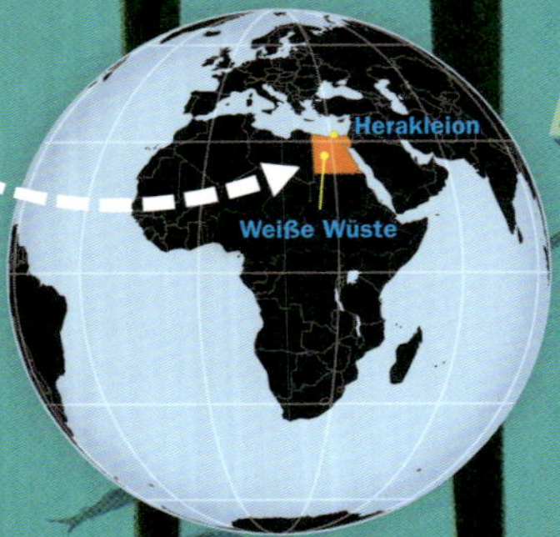

ÄGYPTEN

LAGE: Nordostafrika, am Mittelmeer

Versunkene Städte

Die verlorene Stadt Herakleion

Bucht von Abukir Ⓝ 31.3484 Ⓞ 30.1759

Farbenprächtige Geologie

Die Weiße Wüste

Al-Farafra, Westliche Wüste

N 27.0983 O 27.9858

Weiter zum nächsten geheimnisvollen Ort

PHILIPPINEN

LAGE: über 7.000 Inseln im Pazifik, Südostasien

Farbenprächtige Geologie

Schokoladenhügel

Sierra Bullones N 9.9167 O 124.1667

Ineinandergeschachtelte Orte

Vulcan Point

Kratersee, Luzon Ⓝ 14.0093 Ⓞ 120.9961

Weiter zum nächsten
geheimnisvollen Ort

JAPAN

LAGE: 6.852 Inseln im Pazifischen Ozean, Ostasien

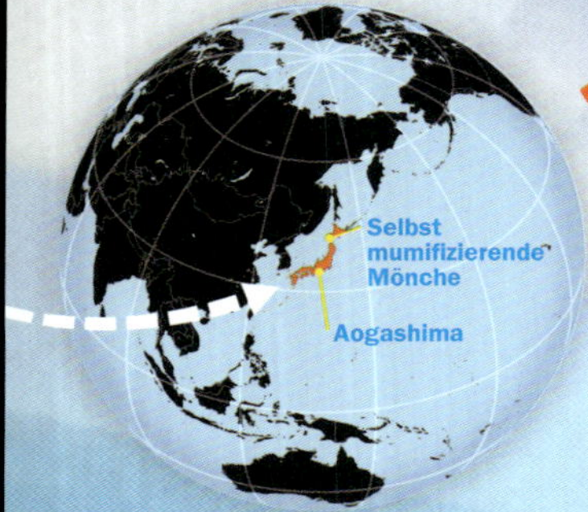

Ineinandergeschachtelte Orte

Aogashima

Aogashima, Izu-Inseln Ⓝ 32.4583 Ⓞ 139.7688

Rendezvous mit Mumien

Selbst mumifizierende Mönche

Berg Yudono-san, Yamagata N 38.5320 O 139.9851

Weiter zum nächsten
geheimnisvollen Ort

FRANKREICH

LAGE: Westeuropa, am Mittelmeer und am Atlantischen Ozean

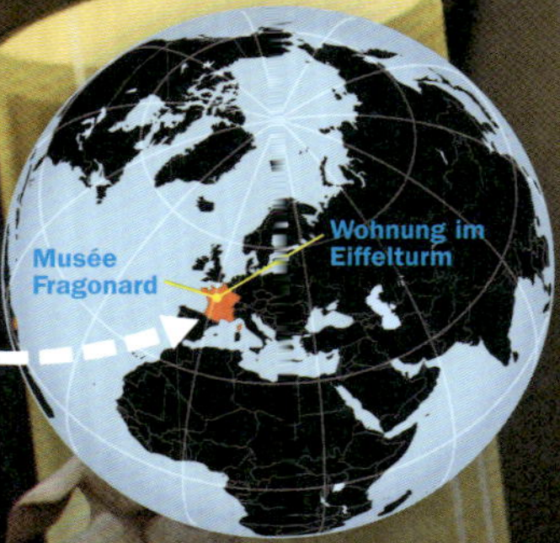

Rendezvous mit Mumien

Musée Fragonard

Paris N 48.8127 E 2.4223

Gut getarnt

Eine Wohnung im Eiffelturm

Paris Ⓝ 48.8583 Ⓞ 2.2945

Weiter zum nächsten geheimnisvollen Ort

KAMBODSCHA

LAGE: Südostasien, auf der indochinesischen Halbinsel

Gut getarnt

Der Dinosaurier von Ta Prohm

Angkor, Siem Reap Ⓝ 13.4350 Ⓞ 103.8892

Marke Eigenbau

Bambuszüge

Battambang, Battambang
N 13.0688 O 103.2022

Weiter zum nächsten geheimnisvollen Ort

KOLUMBIEN

LAGE: Nordwesten Südamerikas

Marke Eigenbau

Seilrutschen

Guayabetal, Cundinamarca Ⓝ 4.2209 Ⓦ 73.8166

Flüssige Regenbögen

Caño Cristales

La Macarena, Meta Ⓝ 2.1830 Ⓦ 73.7858

Weiter zum nächsten
geheimnisvollen Ort

USA, WYOMING

LAGE: Westen der Vereinigten Staaten, zum Teil in den Rocky Mountains

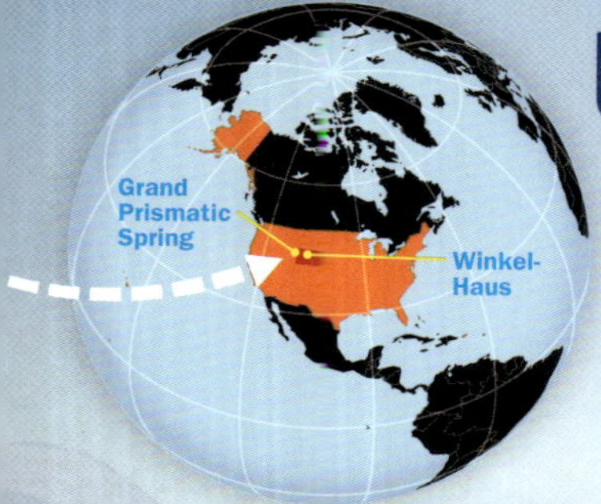

Flüssige Regenbögen

Grand Prismatic Spring

Yellowstone-Nationalpark N 44.5251 W 110.8382

Ein-Mann-Projekte

Das Winkel-Haus

Cody N 44.4610 W 109.4943

Weiter zum nächsten geheimnisvollen Ort

SPANIEN

LAGE: Südwesteuropa, am Atlantischen Ozean und am Mittelmeer

Ein-Mann-Projekte

Die Kathedrale von Don Justo

Mejorada del Campo, Madrid Ⓝ 40.3946 Ⓦ 3.4885

Unterwasserwelt

Museo Atlántico

Playa Blanca Ⓝ 28.8563 Ⓦ 13.8182

Weiter zum nächsten geheimnisvollen Ort

HONDURAS

LAGE: Mittelamerika, am Pazifischen Ozean und am Karibischen Meer

Unterwasserwelt

Das Wrack der Odyssey

Roatán, Islas de la Bahía N 16.3455 W 86.5542

Verrücktes Wetter

Fischregen

Yoro, Departamento Yoro Ⓝ 15.1333 Ⓦ 87.1432

Weiter zum nächsten geheimnisvollen Ort

VENEZUELA

LAGE: nördliches Südamerika, an der Karibik und am Atlantischen Ozean

Verrücktes Wetter

Das Catatumbo-Gewitter

Congo Mirador, Zulia Ⓝ 9.5632 Ⓦ 71.3824

Leckere Versuchung

Die Eisdiele Coromoto

Mérida Ⓝ 8.5587 Ⓦ 71.2026

Weiter zum nächsten geheimnisvollen Ort

POLEN

LAGE: Osteuropa, an der Ostsee

Leckere Versuchung

Museum des Thorner Lebkuchens

Toruń Ⓝ 53.0087 Ⓞ 18.6045

Salzige Sensationen

Salzbergwerk Wieliczka

Wieliczka, Kleinpolen Ⓝ 49.9830 Ⓞ 20.0557

Weiter zum nächsten
geheimnisvollen Ort

BOLIVIEN

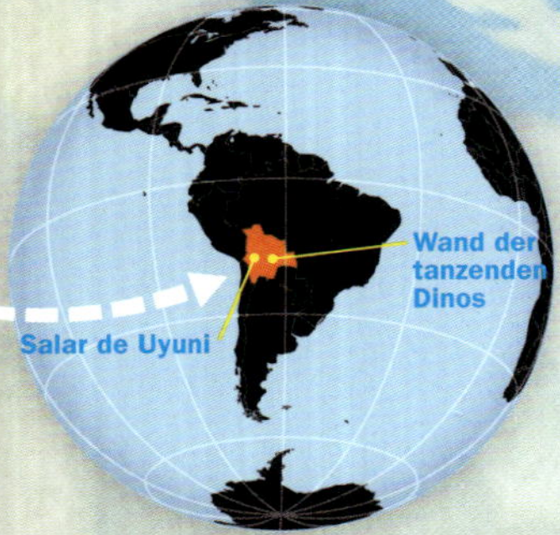

LAGE: mittlerer Westen Südamerikas, von fünf Ländern umgeben

Salzige Sensationen

Salar de Uyuni

Uyuni, Potosí Ⓢ 20.2803 Ⓦ 66.9825

Dinosaurier-Party

Die Wand der tanzenden Dinos

Sucre Ⓢ 19.0028 Ⓦ 65.2372

Weiter zum nächsten geheimnisvollen Ort

SCHOTTLAND

LAGE: Westeuropa, im Norden Großbritanniens

Dinosaurier-Party

Dino-Disco auf der Isle of Skye

Staffin, Isle of Skye Ⓝ 57.6261 Ⓦ 6.2063

Feurige Feste

Das Verbrennen des Clavie

Burghead, Moray Ⓝ 57.7002 Ⓦ 3.4892

Weiter zum nächsten geheimnisvollen Ort

GRIECHENLAND

LAGE: Südosteuropa, am Mittelmeer

Feurige Feste

Der Raketenkrieg von Chios

Vrontados, Chios N 38.3710 O 26.1363

Ur-Computer

Der Mechanismus von Antikythera

Athen N 37.9890 O 23.7328

Weiter zum nächsten
geheimnisvollen Ort

ENGLAND

LAGE: Nordwesteuropa, in Nordsee, Atlantik und am Ärmelkanal

Ur-Computer

Differenzmaschine Nr. 2

London N 51.4982 W 0.1740

Mikronationen

Das Fürstentum Sealand

Nordsee Ⓝ 51.5324 Ⓞ 1.2850

Weiter zum nächsten geheimnisvollen Ort

SCHWEDEN

LAGE: Nordeuropa, an der Ostsee

Mikronationen

Ladonien

Ladonien Ⓝ 56.2863 Ⓞ 12.5409

Kleine Welten

Klein-Istanbul

Sala, Västmanland Ⓝ 59.9217 Ⓞ 16.5578

Weiter zum nächsten geheimnisvollen Ort

DEUTSCHLAND

LAGE: Mitteleuropa, zwischen den Alpen und Nord- und Ostsee

Kleine Welten

Miniatur Wunderland

Hamburg Ⓝ 53.5437 Ⓞ 9.9885

Strahlend schön

Wunderland Kalkar

Kalkar, Nordrhein-Westfalen

Ⓝ 51.7629 Ⓞ 6.3256

Weiter zum nächsten geheimnisvollen Ort

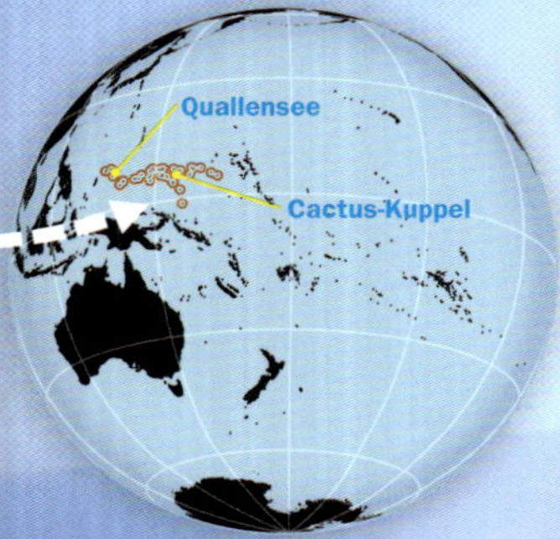

MIKRONESIEN

LAGE: Westlicher Pazifischer Ozean

Strahlend schön

Die Cactus-Kuppel

Eniwetok-Atoll, Marschallinseln Ⓝ 11.5526 Ⓞ 162.3333

Badespaß

Der Quallensee

Eil Malk, Palau Ⓝ 7.1611 Ⓞ 134.3761

Weiter zum nächsten
geheimnisvollen Ort

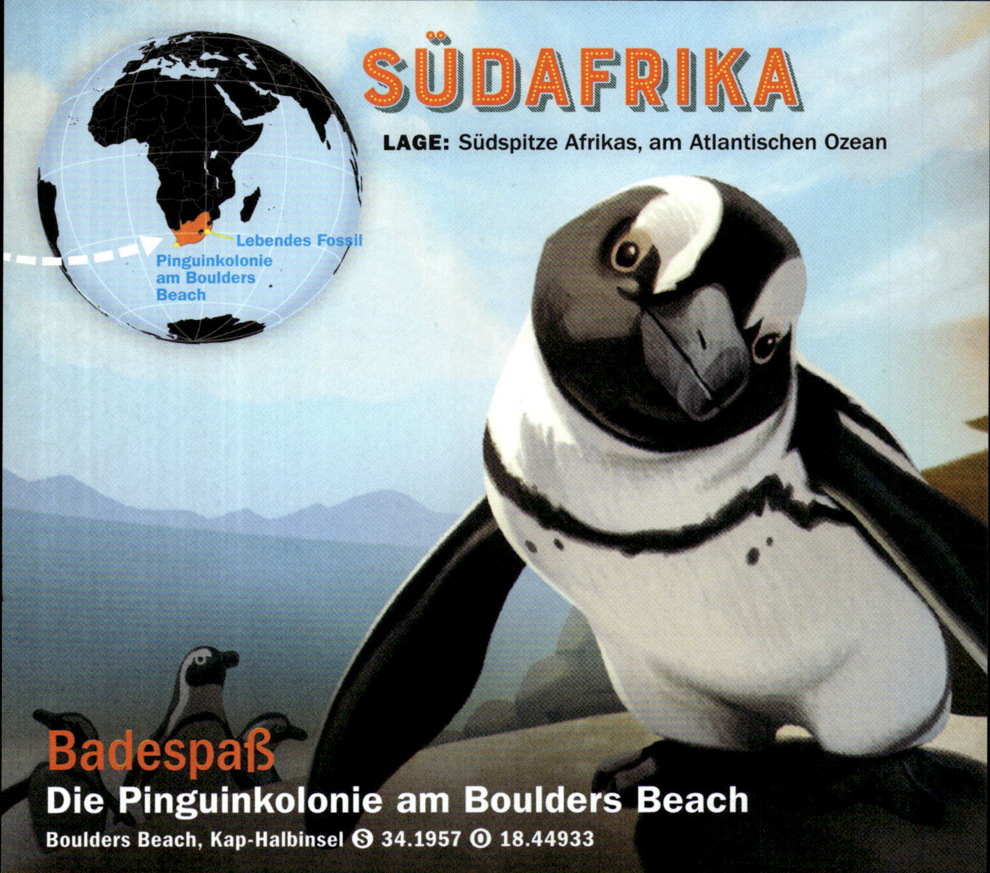

SÜDAFRIKA

LAGE: Südspitze Afrikas, am Atlantischen Ozean

Badespaß

Die Pinguinkolonie am Boulders Beach

Boulders Beach, Kap-Halbinsel Ⓢ 34.1957 Ⓞ 18.44933

Erstaunliche Pflanzen

Lebendes Fossil

**Botanische Gärten von Durban,
KwaZulu-Natal S 28.8504 O 31.5443**

Weiter zum nächsten
geheimnisvollen Ort

USA, WASHINGTON

LAGE: im Nordwesten der Vereinigten Staaten

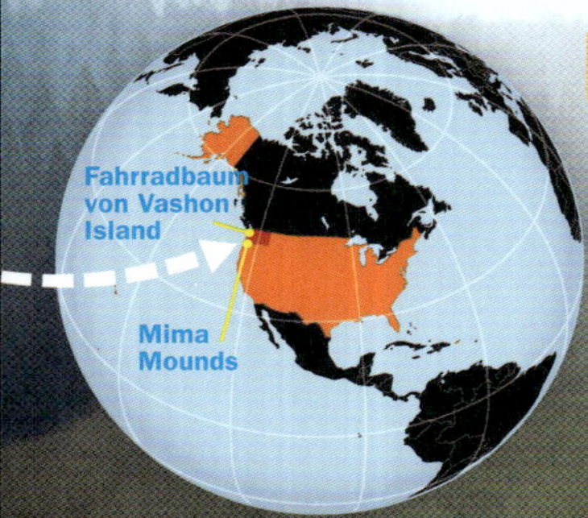

Erstaunliche Pflanzen

Der Fahrradbaum von Vashon Island

Vashon Ⓝ 47.4230 Ⓦ 122.4601

Rätsel der Natur
Mima Mounds
Littlerock N 46.9053 W 123.0475
Weiter zum nächsten geheimnisvollen Ort

NAMIBIA

LAGE: Südwesten Afrikas, am Atlantischen Ozean

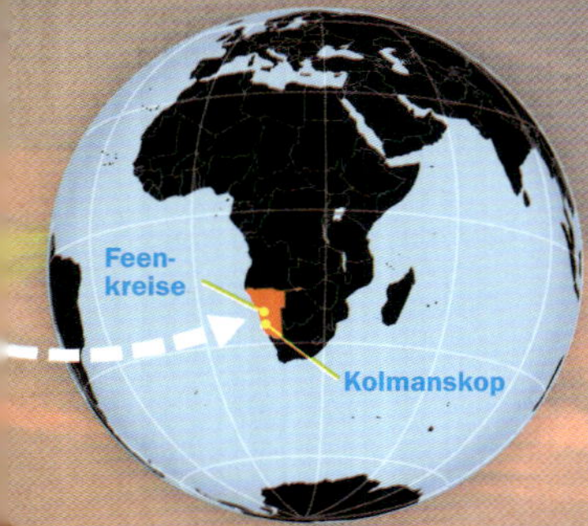

Rätsel der Natur

Feenkreise

Marienflusstal S 25.0191 O 16.0170

Diamantenrausch
Kolmanskop
Lüderitz, Karas S 26.7053 O 15.2297
Weiter zum nächsten geheimnisvollen Ort

KANADA

LAGE: Nordamerika, nördlich der Vereinigten Staaten

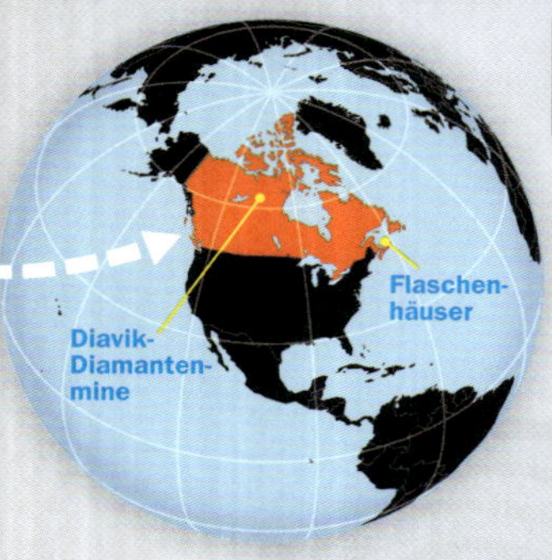

Diamantenrausch

Diavik-Diamantenmine

Lac de Gras Ⓝ 64.4961 Ⓦ 110.6643

Super-Recycling

Flaschenhäuser

Wellington, Prince Edward Island Ⓝ 46.4021 Ⓦ 64.1018

Weiter zum nächsten geheimnisvollen Ort

ARGENTINIEN

LAGE: südliches Südamerika, am Atlantischen Ozean

Super-Recycling

Casa Ecológica de Botellas

Puerto Iguazú, Misiones Ⓢ 25.6248 Ⓦ 54.5543

Eishöhlen

Der Perito-Moreno-Gletscher

Provinz Santa Cruz S 50.4967 W 73.1377

Weiter zum nächsten geheimnisvollen Ort

ÖSTERREICH

LAGE: Mitteleuropa, von acht Ländern umgeben

Eishöhlen

Eisriesenwelt

Werfen, Salzburg N 47.5078 O 13.1897

Bemerkenswerte Bibliotheken

Die Österreichische Nationalbibliothek

Wien Ⓝ 48.2062 Ⓞ 16.3666

Weiter zum nächsten
geheimnisvollen Ort

MONGOLEI

LAGE: Ostasien, nördlich von China und südlich von Russland

Bemerkenswerte Bibliotheken

Mobile Bibliothek für Kinder

Wüste Gobi N 42.7951 O 105.0323

Musikalische Natur

Khongoryn Els

Nationalpark Gobi Gurwan Saichan

Ⓝ 43.7333 Ⓞ 102.3333

Weiter zum nächsten geheimnisvollen Ort

ASERBAIDSCHAN

LAGE: am Kaspischen Meer, der Grenze zwischen Europa und Asien

Musikalische Natur

Der Musikstein von Qobustan

Qobustan-Nationalpark N 40.1541 O 49.3152

Feurige Sehenswürdigkeiten

Yanar Dağ

Abşeron-Halbinsel Ⓝ 40.5019 Ⓞ 49.8913

Weiter zum nächsten geheimnisvollen Ort

TURKMENISTAN

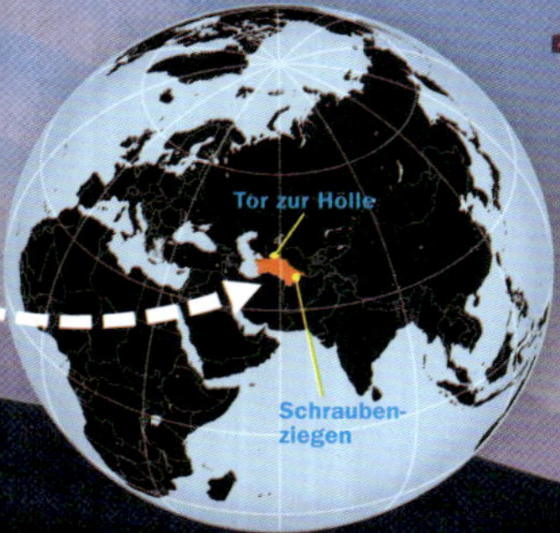

LAGE: Zentralasien, nördlich des Irans und Afghanistans und südlich von Usbekistan und Kasachstan

Feurige Sehenswürdigkeiten

Das Tor zur Hölle

Derweze, Ahal N 40.2528 O 58.4394

Ziegen, die der Schwerkraft trotzen

Schraubenziegen

Köÿtendag Ⓝ 37.7936 Ⓞ 66.5105

Weiter zum nächsten geheimnisvollen Ort

MAROKKO

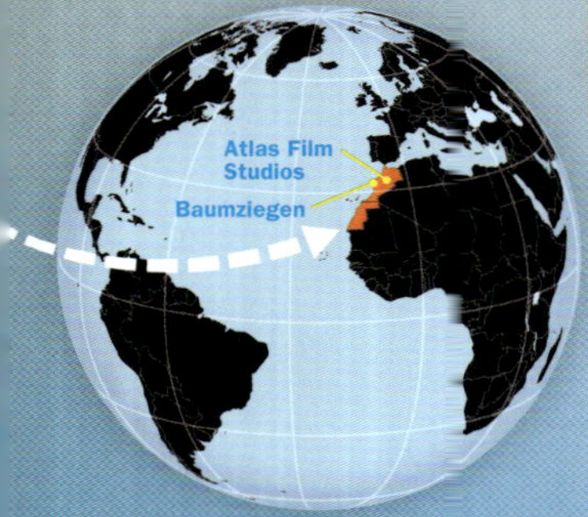

LAGE: nordwestliches Afrika, am Atlantischen Ozean

Ziegen, die der Schwerkraft trotzen

Marokkanische Baumziegen

Souss-Massa Ⓝ 30.700 · Ⓦ 9.8333

Stillgelegte Filmkulissen

Atlas Film Studios

Ouarzazate Ⓝ 30.9335 Ⓦ 6.9370

Weiter zum nächsten
geheimnisvollen Ort

MALTA

LAGE: Südeuropa, im Mittelmeer

Stillgelegte Filmkulissen

Popeye Village

Mellieħa, Nordregion N 35.9609 O 14.3412

Astronomische Archäologie

Mnajdra-Tempel

Qrendi, Südregion N 35.8267 O 14.4365

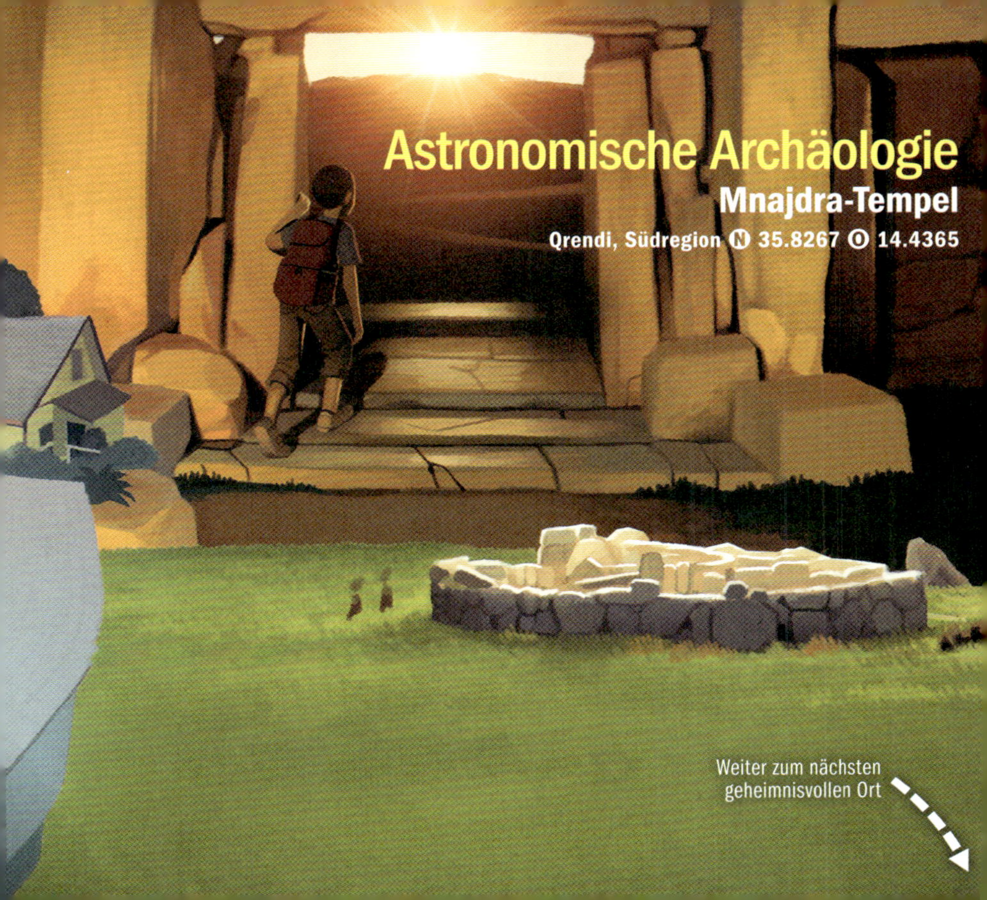

Weiter zum nächsten
geheimnisvollen Ort

CHILE

LAGE: an der Südwestküste Südamerikas, am Pazifik

Astronomische Archäologie

Ahu Tongariki

Osterinsel S 27.1258 W 109.2769

Vulkantour

Die Höhlen des Villarrica

Pucón, Cautín S 39.2667 W 72.2167

Weiter zum nächsten
geheimnisvollen Ort

1 ISLAND
NORWEGEN
33 SCHOTTLAND
35 ENGLAND
FRANKREICH
28 SPANIEN
48 MAROKKO
42 KANADA
40 WASHINGTON
27 WYOMING
15 TENNESSEE
11 TEXAS
6 MEXIKO
29 HONDURAS
30 VENEZUELA
26 KOLUMBIEN
18 PERU
32 BOLIVIEN
20 BRASILIEN
50 CHILE
43 ARGENTINIEN

5 RUSSLAND
36 SCHWEDEN
DEUTSCHLAND
31 POLEN
8 UKRAINE
13 KASACHSTAN
4 ÖSTERREICH
45 MONGOLEI
ASERBAIDSCHAN
ITALIEN
CHINA
10
46
34 GRIECHENLAND
47
TURKMENISTAN
23 JAPAN
MALTA
21
ÄGYPTEN
17 INDIEN
VIETNAM
7
22 PHILIPPINEN
25
KAMBODSCHA
4 ÄTHIOPIEN
38
MIKRONESIEN
16
INDONESIEN
2 SAMBIA
41 NAMIBIA
19 AUSTRALIEN
39 SÜDAFRIKA
14
NEUSEELAND
3 ANTARKTIS

DYLAN THURAS

ist Mitgründer und Kreativdirektor von AtlasObscura.com. Als erfolgreicher Vortragsredner ist er bereits bei SXSW und Applied Brilliance aufgetreten. Er ist der Autor von *Curious Expeditions*, einem Buch über seine einjährige Reise durch Osteuropa, und verantwortet neben seiner Arbeit bei AtlasObscura.com die Reihe *World of Wonders* bei Slate.

ROSEMARY MOSCO

schreibt Bücher und Artikel und zeichnet Cartoons und Grafiken, die alle mit Natur zu tun haben. Ihre Naturcomics sind in einem von Andrews McMeel herausgegebenen Buch zusammengefasst und wurden in eine preisgekrönte Museumsausstellung verwandelt.